Ueber Kosmetik.

Von

Dr. Edmund Saalfeld.

(*Sonderabdruck aus*: *Therapeutische Monatshefte 1892.*)

Springer-Verlag Berlin Heidelberg GmbH
1892

ISBN 978-3-662-31810-2   ISBN 978-3-662-32636-7 (eBook)
DOI 10.1007/978-3-662-32636-7

Vorwort.

Die vorliegende kleine Arbeit ist als eine Serie von vier Artikeln in den „Therapeutischen Monatsheften" (April bis Juli 1892) erschienen. Mehrfache Zuschriften, die ein in weiteren Kreisen verbreitetes Interesse an dem Thema erkennen liessen, veranlassten mich zu dieser separaten Ausgabe.

Ich möchte auch an dieser Stelle betonen, dass die Arbeit keineswegs Anspruch auf Vollständigkeit in irgend einer Weise machen will, sondern nur eine Anzahl von Vorschriften bieten soll, die dem practischen Arzte eine gewisse Anleitung zur Behandlung der in das Gebiet der Kosmetik fallenden Leiden geben.

Berlin, Mitte Juli 1892.

Dr. Edmund Saalfeld.

Inhaltsverzeichniss.

                                              Seite
Einleitung 1
Comedonen- und Acnebildung 2
Acne rosacea 7
Seborrhoe 10
Schuppen- und Schinnenbildung 10
Milien 12
Sprödigkeit des Teints 13
Pigmentanomalien 15
Pigmenthypertrophien, Ephelides, Lentigines,
 Chloasma 16
Poudres 20
Schminken 22
Angiome, Teleangiektasien 25
Warzen 25
Leberflecke 25
Elektrolyse 30
Hirsuties 31
Lichen pilaris 34
Uebermässige Schweissabsonderung 37
Rothe Hände 41
Rauhe und aufgesprungene Hände 41
Frostbeulen 43

Während die Kosmetik in populären Schriften von Aerzten und Laien vielfach behandelt ist, fehlte es bis vor Kurzem insbesondere in der deutschen Litteratur an einer modernen wissenschaftlichen Bearbeitung dieses Gebietes. Diesem Mangel hat **Paschkis** in dankenswerthester Weise Abhülfe geschaffen. Da aber das Buch von **Paschkis** mehr nach den einzelnen in Betracht kommenden Mitteln, als nach Krankheitserscheinungen angelegt, andererseits aber für die Bedürfnisse des practischen Arztes zu ausführlich ist, so erscheint es mir nicht unzweckmässig, im Folgenden einige kurze, practische Mittheilungen über dieses Specialgebiet der Dermatologie zu machen. Es sollen im Folgenden nur diejenigen Erscheinungen erörtert werden, die in das engere Gebiet der Kosmetik gehören. Natürlich werden sich hier nicht immer absolut scharfe Grenzen ziehen lassen.

Das wichtigste Capitel der Kosmetik ist von Alters her dasjenige, welches den Teint betrifft.

Die Frage, was ist ein schöner Teint, lässt sich präcise nicht beantworten. Wir haben eine allgemein gültige Definition für den schönen Teint eben so wenig, wie eine solche für die Schönheit überhaupt nicht existirt. Leichter jedoch können wir sagen, was ist ein schlechter Teint. Denn hier können wir ziemlich genau analysiren, durch welche Momente der schlechte Teint bedingt wird, und zwar wenn wir die einzelnen Abnormitäten in's Auge fassen, welche von den einzelnen Theilen der Haut ausgehen.

Der häufigste Fehler des Teints besteht in dem sogenannten unreinen Teint, d. h. in **Comedonen-** und **Acnebildung.** Bei geeigneter Behandlung kann man hier im Allgemeinen immer auf einen guten Erfolg rechnen. Die Behandlung selbst zerfällt in zwei Theile, und zwar in eine locale und allgemeine resp. causale. Um mit der letzteren zu beginnen, sei darauf hingewiesen, dass das Leiden sich häufig bei chlorotischen Individuen, sowohl männlichen, als auch besonders weiblichen Geschlechts findet, speciell in der Entwicklungsperiode und bei Patientinnen mit Störungen der Sexualorgane. Ferner sind es Individuen, welche an dyspeptischen Zuständen, speciell an Obstipation leiden. Gegen diese Zustände muss mit geeigneten Mitteln vorgegangen werden. Wenn zu den letzteren oft der Arsenik gerechnet wird, so sei — entgegen einer weit verbreiteten Anschauung — darauf hingewiesen, dass derselbe auf die Acne keineswegs specifisch einwirkt, vielmehr nur als ein Mittel zur Bekämpfung chlorotischer und ähnlicher Zustände zu betrachten ist.

Bei der localen Behandlung nimmt die Prophylaxe eine hervorragende Stellung ein. Bei durch Medicamente bedingten Acne (Jod-, Brom-, Theeracne u. ähnl.) werden diese Arzneimittel, soweit als thunlich, ausgesetzt werden müssen. Allein diese Fälle kommen für die kosmetische Behandlung wenig in Betracht. Vielmehr findet sich gewöhnlich bei den Patienten eines der oben genannten ursächlichen inneren Momente, oder es lässt sich eine bestimmte Ursache überhaupt nicht nachweisen. Wir werden hier auf eine geeignete Hautpflege Rücksicht nehmen müssen. Die Patienten werden sich zur Entfernung der übermässigen Fettabsonderung stets mit möglichst heissem Wasser und Seife waschen, resp. das Gesicht mit Flanell oder ähnlichem, rauhem Stoffe frottiren müssen und sich nicht auf die speciell in den sogenannten besseren Kreisen vielfach übliche Waschung mit Mandelkleie beschränken dürfen. Ferner ist darauf Gewicht zu legen, dass die Patienten, besonders gilt dies für Damen, nicht zu viel, am besten gar nicht dem Poudre und der Schminke huldigen. Das überschüssige Fett, das in den erweiterten Talgdrüsen gelagert ist und auf der Haut sich durch den Glanz kundgiebt, wird durch Schminken einerseits vermehrt, andererseits wird noch die Comedonen- und Acnebildung durch die Verbindung des Fettes mit dem Poudre begünstigt. Es ist noch darauf hinzuweisen, dass nicht, wie es gar nicht selten passirt, bei Patienten, welche wegen ihrer Acne mit einem Schwefelpräparat behandelt sind, kurze Zeit darauf eine blei- oder quecksilberhaltige Salbe verordnet werden darf. Es bildet sich hierbei Schwefelblei oder Schwefelquecksilber, Verbindungen, welche eine dunkle Farbe besitzen. Man kann es dann erleben, dass eine Patientin, die etwa so behandelt ist, das ganze Gesicht voll lauter kleiner schwarzer Punkte hat. Diese entsprechen den Köpfen der in den Talgdrüsenfollikeln sitzenden Comedonen. Aber diese Unannehmlichkeit ist nicht immer durch den Arzt, sondern bisweilen durch die Patienten, welche blei- oder quecksilberhaltige Schminken benutzen, verschuldet.

Die locale Behandlung der Comedonen und der Acne vulgaris zerfällt wiederum in zwei Theile, in die mechanische und medicamentöse.

Es ist durchaus wesentlich, dass die Comedonen mechanisch entfernt und die Acneknötchen ihres eitrigen Inhalts entleert werden. Zu diesem Zwecke wird (meist) die Haut mit einem feinen Messerchen leicht geritzt und dann der Comedo, resp. der Inhalt der Acnepustel mittelst eines in der Mitte perforirten kleinen Löffels, eines sogenannten Comedonenquetschers (s. Fig.), entfernt[1]). Die mehr oder weniger stark blutenden eröffneten Acnepusteln werden mit kleinen Wattestückchen comprimirt. Dass bei diesem Eingriff völlig aseptisch vorgegangen werden muss, versteht sich von selbst. Sind die Comedonen bereits gelockert, so kann man eine ganze Anzahl derselben gleichzeitig vermittelst Fingerdruckes entfernen. Zu diesem Zwecke übt man mit beiden Zeigefingern einen seitlichen Druck auf die betreffende Stelle aus. Um die Finger am Abgleiten zu hindern und möglichste Sauberkeit zu wahren, empfiehlt es sich, zwischen die Finger und die afficirte Stelle ein leinenes Tuch (Taschentuch) zu legen. Für diese Massenentfernung eignen sich besonders die Comedonen der Nase, der Stirn und des Kinnes. Nach diesem kleinen Eingriff lässt man kurze Zeit kalte Ueberschläge machen. Natürlich dürfen in einer Sitzung nicht zu viele Comedonen entfernt, resp. zu viele Acneknötchen geöffnet werden, da

---

[1]) Die Zahl der von verschiedenen Seiten angegebenen Comedonenquetscher entspricht ungefähr der Zahl der verschiedenen Schieberpincetten; das von mir gebrauchte Instrument (s. Abbildung) wird vom Instrumentenmacher Wilhelm Tasch, Berlin N., Oranienburgerstr. 27, angefertigt.

sonst ein unangenehmes Brennen und Röthe eintreten kann.

Bei der medicamentösen Behandlung kommen im Wesentlichen Waschungen mit Seifen oder alkalischen Substanzen und Schwefelpräparate in Betracht. Man lässt bei leichten Graden von Acne- und Comedonenbildung Abends alkalischen Seifenspiritus oder den Schaum einer Schwefel- oder Naphthol- oder Naphtholschwefelseife oder Krankenheiler-Seife vermittelst Flanelllappens einreiben und entfernt den Schaum nach $^1/_4$ bis $^1/_2$ Stunde durch warmes Wasser; event. kann man, wenn das Brennen nachlässt, den Schaum auch während der ganzen Nacht liegen lassen. Bei stärker ausgeprägten Fällen wird nach der Entfernung des Seifenschaumes, wobei ein energisches Frottiren stattzufinden hat, eine halbe Stunde später ein Schwefelpräparat aufgetragen. Man kann hierzu entweder das bekannte Kummerfeld'sche Waschwasser oder ähnliche Mischungen benutzen, z. B.

℞ Sulfuris praecipitati 10,0
   Spiritus saponati kal. 40,0
M. D. S. Umgeschüttelt, mittelst Borstenpinsels aufzutragen. Oder

℞ Lactis sulfuris   2,0—5,0
   Kali carbonici   0,2—1,0
    solv. in Aq. dest. q. s.
   Vaselini flavi ad   20,0
M. f. ungt. D. S. Mittelst Borstenpinsels aufzutragen.

Bei stärker ausgebildeten Fällen lässt man die Zeissl'sche Schwefelpaste

Rp. Lactis sulfuris
Spiritus
Glycerini $\widehat{aa}$ 5,0
Kali carbonici   1,0
M. f. pasta

in dünner Schicht auftragen.

Am nächsten Morgen werden die Medicamente mit warmem Wasser abgewaschen. Diese Proceduren werden zwei bis drei Abende hintereinander fortgesetzt, dann muss eine Pause von ein bis zwei Abenden gemacht werden, da gewöhnlich nach zwei bis drei Auftragungen eine Spannung der Haut eintritt. Wird die Spannung resp. Reizung zu stark, so müssen indifferente Salben, entweder Lanolin oder Borlanolin (5—10 %) oder ähnliche Compositionen in dünner Schicht aufgetragen werden.

Die übrigen bei der Acne- und Comedonenbildung gebräuchlichen Medicamente auch nur zum Theil aufzuzählen, würde hier zu weit führen.

Bei einer anderen Form der Acne und zwar der **Acne rosacea** tritt die interne sowohl als die chirurgische Behandlung gegenüber der localen, medicamentösen noch mehr in den Vordergrund als bei der Acne vulgaris. Hier muss auf die Beseitigung von dyspeptischen und Obstipationszuständen, von Störungen der Circulations- und weiblichen Sexualorgane besonders Obacht gegeben werden, ebenso wie auf die Einschränkung von übermässigem Genuss geistiger Getränke. Local werden die ergriffenen Partien während der Nacht mit einer stärkeren Schwefelsalbe, besonders der Zeissl'schen Paste oder mit einer 10 bis 50 %igen Ichthyolsalbe oder mit Quecksilberpflaster (nicht dem officinellen, sondern dem amerikanischen oder Beiersdorf'schen Quecksilberpflastermull) behandelt. Am Tage hat man palliativ das entstehende rothe Aussehen möglichst zu mindern. Zu diesem Zwecke lässt man Schminken oder Poudres anwenden. Die letzteren bestehen in den verschiedenen indifferenten Pulvern in beliebiger Mischung, wie z. B. Amyl., Talcum venet., Zinc. oxydat., denen man etwas Acid. boric. subtil. pulver. oder Bismuth. subnitric. zusetzen kann. Zur Parfümirung dient Pulv. rad. Iridis Florent., von dem man 10—20 % dem Pudergemenge beifügen kann. Als Decksalbe kann man zweckmässig die Wilson'sche Salbe anwenden oder Lanolin-Crême mit 10—20 % Amyl. oder Zinc. oxydat. Eine gute flüssige, weisse Schminke ist Hebra's Eau de princesse.

℞ Bismuthi carbonici basic. 10,0
   Talci veneti 20,0
   Aq. rosarum 70,0
   Spiritus Coloniens. 3,0

M. D. S. Den feuchten Bodensatz einzupinseln.

Den Salben und Poudres kann man, um

sie der natürlichen Hautfarbe entsprechend zu machen, geringe Quantitäten Carmins zusetzen lassen. Die Salben selbst werden in dünner Schicht eingerieben, der Ueberschuss abgewischt und dann einer der erwähnten Poudres aufgestreut und der Ueberschuss ebenfalls entfernt.

Die chirurgische Behandlung der einzelnen Knoten besteht in der Stichelung derselben. Ist die Röthung über grössere Partien (speciell über die Nase) ausgebreitet und ist es zur Bildung von Teleangiectasien gekommen, so wendet man Scarificationen an. Zu diesem Zwecke werden mit einem feinen Messer zahlreiche oberflächliche parallele und dann zu diesen rechtwinklige Schnitte gemacht. Die meist ziemlich starke Blutung wird durch Aufstreuen von Jodoform und ähnlichen Mitteln und Compression mit Verbandwatte gestillt. Die Scarificationen müssen meist mehrere Male vorgenommen werden. Einzelne deutlich ausgeprägte Gefässe werden der Länge nach geschlitzt. Ist es bis zur Bildung eines Rhinophyma, einer Pfundnase, gekommen, so muss energisch mit Abtragung der gewucherten Stellen vorgegangen werden. Die Scarificationen kann man statt mit dem Messer auch galvanokaustisch vornehmen oder an ihre Stelle die lineäre Elektrolyse setzen.

Ich möchte hier noch auf einen Umstand hinweisen, der, so viel mir bekannt ist, im Allgemeinen bisher wenig Beachtung gefunden hat. Bei äusseren Erkrankungen der Nase und zwar bei der Bildung von Acne vulgaris und Comedonen und speciell der Rosacea bestehen häufig Veränderungen im Naseninnern, sowohl hypertrophischer als atrophischer Natur, Zustände, welche durch Circulationsstörungen (übermässige Blutzufuhr resp. gehinderter Abfluss) die erwähnten Erkrankungen der äusseren Nase bedingen können. Daher wird man in diesen Fällen vielfach in der Lage sein, durch Behandlung der Nasenschleimhaut zugleich die Behandlung der Leiden der äusseren Nase wirksam zu unterstützen.

Eine andere Form der Talgdrüsenerkrankungen ist die **Seborrhoe** und zwar kommt hier wesentlich die S. oleosa — weniger die S. sicca — in Betracht, welche hauptsächlich bei chlorotischen jungen Mädchen gefunden wird. Die medicamentöse Behandlung ist hier im Wesentlichen dieselbe wie die der Comedonen und Acne vulgaris, d. h. Entfernung des überschüssigen Fettes und Verhütung der Bildung desselben. Intern müssen Eisenpräparate gegeben werden.

Mit den bisher geschilderten Zuständen vergesellschaftet sich häufig eine übermässige **Schuppen-** und **Schinnenbildung** des Kopfes, ein Zustand, der nicht selten von vorzeitigem übermässigen Haarausfall begleitet ist, Pityriasis capitis et Defluvium capillitii.

Auch hier ist die Behandlung der oben geschilderten analog. Die Kopfhaut wird mit alkalischem Seifenspiritus eingerieben, wobei das Haar in eine ganze Reihe von Scheiteln zerlegt wird, und jedesmal einige Tropfen des alkalischen Seifenspiritus auf die Kopfhaut gegossen und dann verrieben werden; darauf wird lauwarmes Wasser aufgegossen und der nun entstehende Seifenschaum genügend verrieben; man lässt denselben dann noch einige Minuten einwirken und nun durch Abspülen mit lauwarmem Wasser entfernen; das Abspülen muss so lange fortgesetzt werden, bis das Wasser klar abfliesst; nun wird der Kopf gut abgetrocknet. Sind somit die Schuppen entfernt, so wird, um ihre Wiederbildung zu verhüten, eine Schwefelsalbe

℞ Lactis sulfuris 3,0—5,0
Lanolini 3,0
Adip. benzoinat. ad 30,0
M. f. ungt.

vermittelst des Fingers oder Borstenpinsels auf die Kopfhaut aufgetragen. Die Patienten müssen darauf aufmerksam gemacht werden, dass die Salbe nicht in die Haare, sondern auf die Haut geschmiert werden muss. Besteht, was nicht selten der Fall ist, Jucken auf dem Kopfe, so kann man der obigen Salbencomposition noch etwas Salicylsäure 0,3—0,5 (solve in Spirit. rect. q. s.) hinzufügen. Diese Procedur wird je nach der Intensität der Schuppenbildung zuerst allabendlich ausgeführt und braucht später nur alle 8 bis 14 Tage einmal wiederholt zu werden. Zu warnen ist vor dem alleinigen Gebrauch von fettlösenden Mitteln, wie den vielfach beliebten Waschungen mit Franzbranntwein und Sodalösungen und zwar, weil hierdurch der Haut schliesslich zu viel Fett entzogen und das Haarwachsthum beeinträchtigt wird. Tritt bei der Pityriasis capitis der Haarausfall in den Vordergrund, so ist vor dem Gebrauch von Staubkämmen und Stahlbürsten sowie überhaupt harten Bürsten und vor jeglichem zu energischen Vorgehen dringend zu warnen, da hierdurch ausser den schon gelockerten Haaren auch noch andere mit herausgerissen werden. Bei der oben geschilderten Behandlungsweise werden selbstverständlich die schon gelockerten Haare aus den Follikeln entfernt, und so wird in den ersten Tagen der Behandlung der Haarausfall häufig zum Schrecken der Patienten anscheinend bedeutend gesteigert; die Patienten müssen darauf aufmerksam gemacht werden, dass hierbei nur die doch schon dem baldigen Ausfall geweihten Haare verloren gehen.

Ein anderer Schönheitsfehler als die Acne, der ebenfalls durch eine Affection der Talgdrüsen bedingt wird, sind die namentlich in der Umgebung des Auges auftretenden **Milien.** Dieselben müssen einzeln mechanisch entfernt werden; zu diesem Zwecke

wird ihre Decke leicht geschlitzt und dann
das Miliumkörnchen vermittelst des Comedonenquetschers ausgedrückt; die blutende
Stelle wird mit Watte comprimirt. Während die meisten bisher geschilderten
Veränderungen des Teints durch übermässige
Fettsecretion sich kennzeichneten, wende ich
mich jetzt zu den Abnormitäten, bei welchen,
abgesehen von anderen Momenten, die Talgsecretion vermindert ist — Veränderungen,
die unter dem Namen der **Sprödigkeit des
Teints** bekannt sind. Auch in Bezug auf
dieses Leiden ist die Prophylaxe, d. h. geeignete Hygiene der Haut, von grosser
Wichtigkeit. Zu den Schädlichkeiten gehören in erster Linie zu hohe und zu niedrige
Temperaturen und plötzlicher Temperaturwechsel. Es dürfen also Personen mit
Neigung zu derartiger Erkrankung sich im
Sommer möglichst wenig den Sonnenstrahlen
aussetzen, oder sie müssen deren Wirkung
zu mindern suchen. Hierzu dienen bekanntlich in erster Reihe Hüte mit entsprechend
grosser Krempe und Sonnenschirme; ausserdem ist es zweckentsprechend, wenn diese
Patienten eine dünne Schicht indifferenten
Puders oder Fetts auftragen, speciell den
schon oben erwähnten Lanolincrême (die
Details s. u.). Bei Damen kommt als wesentliches Mittel noch der helle Schleier hinzu.
Die prophylactischen Maassregeln im Winter
sind in Bezug auf die chemischen Mittel
dieselben, nur dass hier mehr Fette als

trockene Poudres zweckmässig sind. Die hohen Wärmegrade wirken nicht blos in Form des Sonnenbrandes ein, sondern auch durch die strahlende Hitze der Lampe, des Herdes und schliesslich auch des Ofens. Die Rauhigkeit der Gesichtshaut wird ferner bedingt durch übermässige Waschungen mit Wasser und Seife, durch welche der Haut zu viel Fett entzogen wird, und so eine oberflächliche chronische Dermatitis in Gestalt eines kleinschuppigen Ekzems sich bildet. Denselben Reizzustand rufen zahlreiche Toilettemittel hervor, speciell diejenigen, in welchen Spiritus den wesentlichen Bestandtheil bildet. In dieselbe Categorie gehören viele medicinische Seifen, die, ohne dass auf den Zustand der Haut Rücksicht genommen wird, kritiklos angewandt werden. Ferner kommen hier andere hautreizende Mittel in Betracht, besonders Schminken und Poudres mit schädlichen Stoffen, besonders Bleicompositionen. Die directen Vorschriften, um den in Frage stehenden Zustand zu bessern, sind folgende: Die Patienten dürfen sich nicht zu viel waschen und beim Waschen sich nicht zu häufig der Seife bedienen, die Seife selbst soll eine harte, wenig schäumende sein; am zweckmässigsten ist eine gute neutrale Sodakernseife, wie sie im Haushalt zur Wäsche benutzt wird. Das Wasser darf nicht zu hart sein, am besten ist abgekochtes Wasser. In vielen Fällen muss die Seife durch Mandelkleie ersetzt werden. Wirkt auch das gewöhnliche abgekochte Wasser noch zu irritirend, so ist demselben etwas gutes Glycerin zuzusetzen und zwar auf 1 Ltr. Wasser 1—2 Esslöffel. Nach dem Waschen, bei welchem zu starkes Frottiren zu meiden ist, empfiehlt es sich, wenn nöthig, eine dünne Schicht des oben erwähnten Lanolincrêmes oder Poudre auftragen zu lassen. Wird im Beginn der Behandlung Wasser nicht vertragen, so muss man das Gesicht mit Oliven- oder Mandelöl (das absolut keine Spur eines ranzigen Geruchs hat) reinigen lassen, das überschüssige Oel wird darauf durch Abwischen entfernt und Poudre in dünner Schicht aufgetragen. Um die Haut möglichst geschmeidig zu erhalten, kann man in stark ausgeprägten Fällen während der Nacht eine indifferente Salbe gebrauchen lassen.

Aus den bisherigen Auseinandersetzungen erhellt also schon, dass die häufig an den Arzt gestellten Fragen, wodurch wird ein guter Teint hervorgerufen, was ist das beste Mittel, um einen guten Teint zu erhalten, in dieser allgemeinen Fragestellung nicht beantwortet werden können, dass vielmehr jedesmal genau festgestellt werden muss, wie der Teint beschaffen ist, ob eine übermässige Fettproduction oder eine zu geringe, oder ob nicht schliesslich noch andere Anomalien vorliegen.

Zu diesen gehören die **Pigmentanomalien** und zwar speciell Pigmenthypertrophien, erythematöse Flecke (Taches) und die Neubildungen im weitesten Sinne des Wortes; ferner bei Frauen die Hirsuties des Gesichts und schliesslich die übermässige Schweisssecretion, welch letztere meist nicht blos auf das Gesicht beschränkt ist, sondern sich gewöhnlich noch auf andere Körperstellen erstreckt.

Die **Pigmenthypertrophien** im Gesicht treten entweder als Sommersprossen, **Ephelides,** als Linsenflecke, **Lentigines** oder als **Chloasma** auf. Das letztere ist häufig durch innere Ursachen, meist durch Veränderungen in den weiblichen Sexualorganen bedingt und blasst nicht selten ab, wenn das veranlassende Moment beseitigt ist. Geht das Chloasma aber nach dem Aufhören der Ursache (besonders Gravidität) nicht fort, so kann man dagegen therapeutisch vorgehen. Die Behandlung des Chloasma fällt mit der der Epheliden und Lentigenes zusammen und besteht wesentlich in der Entfernung der Stellen, wo das Pigment gebildet wird, d. h. der tieferen Reteschichten; man muss aber in der Auswahl der Mittel vorsichtig sein. So bewirken beispielsweise die Cantharidin in Form eines spanischen Fliegenpflasters oder das Collodium cantharidatum eine Zerstörung des Rete Malpighi, andererseits aber stellen sie ein starkes Reizmittel für die Pigmentbildung dar. Dem entsprechend tritt zwar zuerst die gewünschte Pigmententfernung ein, sehr bald zeigt sich dagegen eine vermehrte Pigmentbildung. Mit dieser Thatsache muss gerechnet werden, wenn gegen irgend welche Beschwerden die Application eines Cantharidenpräparates verordnet wird an einer Stelle, die durch die Kleidung nicht bedeckt wird. Bei der Behandlung des Chloasma kommen also alle schälenden Substanzen zur Anwendung, welche die genannte schädliche Nebenwirkung nicht besitzen. Wir können den beabsichtigten Zweck schnell durch heroisch wirkende oder langsam durch schwächere Mittel erreichen.

Zu den ersteren gehören alle die Mittel, welche, längere Zeit mit der Haut in Berührung gebracht, eine Zerstörung der Epidermis hervorrufen. In erster Reihe steht hier das Sublimat. Kaposi giebt hier folgendes Verfahren an: Auf die betreffenden Stellen des Gesichts werden entsprechend gross geschnittene Mullcompressen gelegt; während der Patient horizontal gelagert ist, werden die Compressen mit folgender Lösung:

℞ Hydrargyri bichlorati 1,0
　Spiritus
　Aquae destillatae $\overbrace{aa}$ 50,0
M. D. sub signo veneni.
S. Aeusserlich

getränkt und während vier Stunden feucht erhalten. Unter heftigem Brennen und Spannungsgefühl tritt Blasenbildung ein; die Blase wird an ihrem unteren Ende mit einer Nadel angestochen, die sich entleerende Flüssigkeit muss sofort mit Watte aufgesogen werden, damit sie nicht bisher intacte Stellen trifft, die durch sie angeätzt werden könnten. Die so arteficiell erzeugte Dermatitis wird als solche behandelt, d. h. es werden indifferente Poudres aufgestreut; nach ungefähr einer Woche ist die Dermatitis geheilt, und die neue Epidermis ist weiss, pigmentlos. Dieselbe Wirkung kann man durch Sapo kalinus hervorrufen. Grüne Seife wird auf die afficirten Stellen geschmiert, und darüber während eines halben bis ganzen Tages ein Flanelllappen gelegt, der ebenfalls mit Sapo kalinus bestrichen ist, hierdurch wird eine Abstossung der in toto verschorften Epidermis hervorgerufen.

Langsamer kommt man zum Ziel durch häufig wiederholte Anwendung milder wirkender Schälmittel. Hierher gehören Schwefelsalben (30—50 % mit 5—10 % Natron oder Kali carbonicum), die während einiger Nächte hintereinander bis zum Eintritt einer stärkeren Reizung aufgetragen werden. Dieselbe Anwendungsweise findet statt mit folgender Salbe:

℞ Hydrargyri praecipitati albi
　Bismuthi subnitrici　　　ãa 2,5
　Olei Olivarum　　　　　　1,0
　Unguenti Glycerini　　　　4,0

M. f. unguentum. D. S. Abends einzureiben. Mehrere Tage hintereinander je eine halbe bis eine Stunde kann man auch zweckmässig eine Naphtholpaste

℞ β-Naphthol. 5,0—10,0
Zinc. oxydat.
Amyli $\widehat{aa}$ 12,5
Vaselini flavi ad 50,0
M. f. pasta. D. S. Naphtholpaste
auftragen.

Langsamer wirken täglich wiederholte Einreibungen von Spiritus saponatus kalinus, verdünnter (1—3 %) Essigsäure oder Salzsäure, von Kali- oder Natronlauge (½—1 %), von Citronensaft oder Auflage von Citronenscheiben. Sobald die beabsichtigte Reizung, Röthung und Abstossung der Epidermis zu stark wird, muss mit der Behandlung auf kurze Zeit ausgesetzt, und eine entsprechende Ekzemtherapie angewandt werden. Die Röthung und Schuppung selbst wird durch Poudres und Schminksalben verdeckt.

Der oben geschilderte Behandlungsmodus des Chloasma, der Epheliden und der Lentigines kommt auch bei nicht erhabenen Naevis zur Anwendung. Immerhin müssen wir aber darauf gefasst sein, dass Recidive nicht ausgeschlossen sind, und dem entsprechend müssen wir uns vor der Behandlung den Patienten gegenüber salviren, damit uns spätere Vorwürfe erspart bleiben.

Wird aus irgend einem Grunde, z. B. Furcht vor Recidiven, von dem Patienten eine Entfernung des Pigment durch eine der oben geschilderten Methoden verweigert, und nur ein Palliativmittel gewünscht, so müssen wir entsprechende Schminken und Poudres, wie oben bei der Acne rosacea bereits angedeutet war, verwenden. Die Composition der letzteren richtet sich nun sowohl nach dem Colorit der Haut im Allgemeinen (ob die Haut zart und durchsichtig oder ob sie derb ist, ob sie hell oder mehr dunkel ist) als auch nach dem jedesmaligen Zweck, zu welchem die cachirende Substanz zur Verwendung kommen soll, ob im Winter oder Sommer, ob bei Tage oder Abend, im Zimmer oder auf der Strasse, ob bei natürlichem (Tages-) Licht oder bei künstlicher Beleuchtung (Gas oder elektrisches Licht).

Im Allgemeinen wird hierbei ein gewöhnliches Toilettepoudre allein nicht zur Anwendung kommen können, da eine genügend dicke Schicht Poudres nicht aufgetragen werden kann. Dem entsprechend müssen sogenannte Schminkpoudres verordnet werden, die einen beträchtlichen Gehalt an Talcum und demnach eine grössere Haftbarkeit besitzen.

In den jetzt folgenden Details schliesse ich mich den ausserordentlich interessanten Mittheilungen Debays' und Paschkis' an.

Als einfaches weisses Schminkpoudre ist das Pulvis cosmeticus albus anzusehen.

℞ Zinci oxydati   21,5
   Talci veneti   34,5
   Magnesiae carbonicae 3,5
   Ol. millefleurs guttas II.

M. f. pulvis. D. S. Pulvis cosmeticus albus.

Um die etwas fahle Farbe dieser Poudres zu mindern, kann man geringe Mengen von Farbstoffen hinzufügen, also:

℞ Pulveris cosmetici albi 500,0
Carmini soluti (scil. in
   Liqu. Ammonii caustico) 0,05
M. f. pulvis. D. S. Rosapoudre; oder:

℞ Pulveris cosmetici albi 80,0
Carmini soluti 0,05
Goldocker 1,0
M. f. pulv. D. S. Gelbes Poudre (Rachel); oder:

℞ Pulveris cosmetici albi 20,0
{ oder
  Amyli 5,0
  Talci veneti 15,0 }
Tincturae Croci guttas X.
M. f. pulvis. D. S. Hellgelbes Poudre.

Man kann die Tinctura Croci durch 0,1 Curcumagelb[1]) ersetzen, wodurch die gelbe Farbe etwas dunkler wird. (Ueber die Anwendung der gelben Poudres s. u.)

Als farbige Schminkpoudres können diese letzteren Compositionen indessen nicht betrachtet werden. Um die rothe Farbe herzustellen, muss Carmin im Verhältniss von $1\text{-}2\%$ dem Poudre zugesetzt werden, also z. B.:

---

[1]) Das Curcumagelb hat Herr Apotheker Frölich hergestellt. Ein Auszug von gepulverter Curcumawurzel mit 5 Theilen verdünnten Weingeistes wird durch eine 5%ige Alaunlösung gefällt; der Niederschlag wird gesammelt und getrocknet.

℞ Carmini 0,5—1,0
Talci veneti alcoholisati 50,0
M. D. S. Einfache rothe Schminke.

Um die Kraft der Adhärenz zu erhöhen, setzt man diesen und ähnlichen Mischungen 5—10 % Spermacet oder auch im Winter Butyrum Cacao hinzu; dadurch wird ein Fettpoudre resp. eine Fettschminke hergestellt.

Wir haben dann also:

℞ Pulveris cosmetici albi seu
    rosa seu Rachel seu flavi 50,0
Spermati ceti oder
Butyri Cacao 5,0
M. D. S. Weisse Fettschminke.

Als rothe Fettschminke, in der statt Carmins Carthamin, ein in den Blüthen von Carthamus tinctorius vorkommendes Pigment, enthalten ist, sei angeführt:

℞ Carthamini 1,0
Talci veneti alcoholisati 9,0
Spermati ceti 10,0
Olei amygdalarum dulcium 20,0
S. Rothe Fettschminke.

Eine Angabe über die Zusammensetzung des schon mehrfach erwähnten Lanolincrêmes möge hier noch Platz finden.

℞ Lanolini anhydrici 12,0
Vaselini flavi 4,0
{ Olei rosae gutt. dimid.
  Tinctur. Vanilli gutt. V
  Spiritus resedae gutt. X
    oder

⎧ Olei citri   gutt.   I
⎨ Olei bergamott.   gutt.   III
⎩ Spiritus resedae gutt.   VIII
M. D. S. Lanolincrême;
oder:
℞ Lanolini anhydrici   9,0
   Adipis benzoati   3,0
M. D. S. Lanolincrême;
oder:
℞ Lanolini anhydrici   9,0
   Olei amygdalarum
   Olei Cacao $\widehat{aa}$ 0,5
   Acidi benzoici   0,1
M. D. S. Lanolincrême.

Will man einen Crême von ganz weicher Consistenz haben, so nimmt man gleiche Theile Lanolinum anhydricum und des entsprechenden Fettes.

Das **Schminken** selbst wird in folgender Weise vorgenommen. Die Gesichtshaut wird mit einer dünnen gleichmässigen Schicht von Unguent. leniens oder Lanolincrême mit Adeps benzoatus oder Butyrum Cacao eingefettet. Darauf wird weisses Poudre aufgetragen, der Ueberschuss durch leichtes Abwischen entfernt. Dann wird das Roth in entsprechender Concentration und Menge (einfache rothe Schminke s. o.) auf die Wangen, und zwar in der Nähe von Nase und Mund gelegt und von hier aus im Bogen gleichmässig nach den Ohren zu verstrichen. Die eben geschilderte Procedur eignet sich speciell für Patientinnen, bei denen das Chloasma und die Epheliden schon eine sehr deutlich ausgesprochene braune Farbe angenommen haben. Die Fettschminken werden besonders im Winter auf der Strasse zur Anwendung kommen, während im Sommer und bei grosser Hitze die Schminkpoudres zweckmässig sind.

Bei künstlicher, besonders sehr heller Beleuchtung und bei bleichem Gesicht legt man nur rothe Fettschminke auf die vorher eingefettete Haut und zwar am besten mittelst des Fingers. Am einfachsten verreibt man etwas feinsten Carmins mit Glycerin, verreibt diese Mischung auf der Wange mit dem Finger und entfernt den Ueberschuss durch Wischen mit einem feinen Tuche.

Es ist selbstverständlich, dass man bei jedem einzelnen Falle nach der Ausdehnung der Affection, nach der Intensität der Verfärbung die Composition der Poudres und der Schminken einrichten muss; allein bei einiger Geschicklichkeit und Erfahrung finden die Patientinnen, wenn man ihnen nur die Directive gegeben hat, bald die für sie geeignete Zusammensetzung heraus.

Zu warnen ist beim Gebrauch der Schminken und Poudres vor zahlreichen fertigen Präparaten, die, unter hochtönendem Namen in den Handel kommend, giftige Bestandtheile, besonders Blei bei weissen und Zinnober bei rothen Schminken und Poudres, enthalten. Augenblickliche, für die betreffende Dame sehr unangenehme Wirkungen können sich beim Gebrauch dieser giftigen Substanzen durch ihre Verbindung mit Schwefel zeigen. So kann bei einem Aufenthalte auf dem Lande gelegentlich der Benutzung eines Abortes, da sich hier nicht immer die Hygiene bis zu einem Wassercloset verstiegen hat, eine Verbindung des hier stets mehr oder weniger vorhandenen Schwefelwasserstoffes, eine Schwefelbleiverbindung eintreten, in Folge deren eine nicht gerade anmuthige Dunkelfärbung des Gesichtes sich einstellt. Zu warnen ist ferner vor zu häufigem Gebrauch aller auch ungiftiger Verschönerungsmittel, da sie, zu oft angewandt, über kurz oder lang auf die Haut einen schädlichen Einfluss ausüben.

Das eben erörterte Verfahren des Schminkens und Puderns kommt nicht blos bei den in Rede stehenden Pigmentanomalien zur Anwendung, sondern palliativ mutatis mutandis auch bei anderen Abnormitäten der Haut, also hässlichen Narben, Teleangiectasien, Angiomen, Hirsuties und ähnlichen Schönheitsfehlern, ferner bei Lupus, wenn von der radicalen Beseitigung dieser Affectionen Abstand genommen wird.

Wenden wir uns nun zur Radicalbehandlung der eben genannten Abnormitäten (mit Ausschluss des Lupus) und betrachten neben den **Angiomen** und **Teleangiectasien** gleichzeitig die **Warzen** und **Leberflecke.** Wir können hier eine chemische und chirurgische Behandlung oder eine Combination dieser beiden eintreten lassen.

Von chemischen Mitteln seien angeführt rauchende Salpetersäure, Essigsäure, Chromsäure, Trichloressigsäure, flüssige Carbolsäure, Eisensesquichlorid, 10%iges Sublimat- oder Salicylcollodium; diese werden auf die unversehrte Haut gebracht; die beiden letzteren mit einem feinen Haarpinsel, die übrigen mit einem spitzen Glas- oder Holzstabe, den man event. mit einer dünnen Watteschicht umwickeln kann. Die umgebende Haut muss vor der Einwirkung des Aetzmittels geschützt werden; zu diesem Zweck wird sie entweder mit einer Schicht Collodiums oder mit einem Ringe aus Heftpflaster bedeckt. Nach ein- oder mehrmaligem Auftragen des Sublimat- oder Salicylcollodiums tritt meist eine Eiterung ein, und die betreffende Neubildung wird zerstört, oder es blättert sich die Haut allmählich ab. Da man aber bei Anwendung aller angeführten Aetzmittel weder die Intensität der beabsichtigten Zerstörung in die Tiefe, noch trotz Vorsichtsmassregeln die Ausdehnung in die Umgebung genau bestimmen kann, so ist die Operation häufig von keinem vollkommenen Erfolg begleitet — es treten Recidive auf — oder die Zerstörung geht über das Ziel hinaus — es entstehen hässliche Narben. Ist durch das Sublimat- oder Salicylcollodium die Warze oder der Leberfleck selbst zerstört, so kann man, um genügend in die Tiefe zu wirken, den Grund mit einem kleinen scharfen Löffel auskratzen und dann noch ätzen; man kann hierzu entweder den Höllenstein- oder Chlorzinkstift benutzen, oder man bedient sich eines der oben genannten Präparate, oder man wendet den Thermo- oder Galvanokauter an, oder man bestreut die Wundfläche mit Resorcin. Lässt man auf dieser vorher einige Cocaïnkrystalle sich lösen, so kann der kleine Eingriff nahezu schmerzlos gemacht werden.

Weniger umständlich ist das Verfahren, wenn man auf die Auftragung von Sublimat- oder Salicylcollodium überhaupt verzichtet und die Naevi und Warzen einfach mit einem scharfen Löffel entfernt, resp. letztere mit einer Cowper'schen Scheere abträgt und dann das eben geschilderte Verfahren zur Anwendung bringt.

Gestielte, nicht flach aufsitzende Warzen kann man auch bei messerscheuen Patienten durch Abbinden mit einem seidenen Faden entfernen, und zwar fällt dieser dann gleichzeitig mit der Warze ab.

Einzelne breit aufsitzende, flache Warzen lassen sich durch Auflegen von 20—30 % Salicylsäurepflastermull beseitigen.

Die Angiome und Teleangiectasien hat man durch die Vaccination wegzubringen gesucht. Anstatt die im ersten Lebensjahr auszuführende Impfung auf dem Arm vorzunehmen, hat man die Lymphe an den von der Gefässneubildung befallenen Stellen eingeimpft; bisweilen ist das kosmetische Resultat gut; wir haben aber kein Mittel in der Hand, um sicher auf schöne Narben rechnen zu können, und so hat die geimpfte, von der Teleangiectasie oder dem Angiom befreite Stelle nicht selten ein hässlicheres Aussehen als vorher.

Um die Gefässneubildung zu entfernen, erscheint es a priori das Einfachste, die Gefässe, die sie zusammensetzen, zu zerstören; man erreicht dies durch multiple Scarificationen. Zu diesem Zweck schlitzt man die einzelnen kleinen Gefässe, so weit wie thunlich, mit einem feinen Scalpell und scarificirt, um möglichst alle Gefässe zu zerstören, ausserdem die ganze Stelle, ebenso wie es oben bei der Behandlung der Rosacea geschildert ist. Diese Methode eignet sich für die Fälle, in denen die Neubildung sehr grosse Dimensionen besitzt, bei denen man mit anderen Methoden ausser etwa der Elektrolyse (s. u.) nicht zum Ziele kommen würde. Hier ist die systematische Scarification sehr warm zu empfehlen; allerdings beansprucht dieser Eingriff recht beträchtliche Zeit und stellt die Geduld des Arztes auf eine nicht minder harte Probe, als die des Patienten.

Schneller kommen wir zum Ziele bei der Behandlung nicht zu grosser Angiome und Teleangiectasien wie grösserer Leberflecke und Warzen durch die Excision. Die betreffende Neubildung wird im Gesunden mit einem (meist) Ovalärschnitt circumcidirt, spritzende Gefässe gefasst und die Wunde

durch exact anliegende Nähte geschlossen;
um die Wundflächen möglichst glatt an einander zu bringen, empfiehlt es sich, bei Anlegung der Naht in die beiden gegenüberliegenden Wundwinkel Haken einzusetzen;
im Allgemeinen genügt eine etwas stärkere
tiefer fassende Sutur, die übrigen Nähte
können oberflächlich und mit möglichst feiner
Seide (No. 0 oder I) und mit geringerer
Spannung angelegt werden. Darüber kommt
ein antiseptischer Verband, der nach wenigen
Tagen meist durch Jodoformcollodium ersetzt
werden kann. Nach 8 Tagen werden die
Suturen entfernt. Die Wunde heilt bei selbstverständlich peinlichster Antisepsis per primam, und die frühere Neubildung ist durch
eine feine, glatte Narbe ersetzt, die ein kosmetisch durchaus zufriedenstellendes Resultat
ergiebt. Die Operation muss entweder in
der Chloroformnarkose (bei Kindern) oder
unter Aether- und Cocaïnanästhesie ausgeführt werden.

Ein anderes vielfach übliches Verfahren
zur Beseitigung der in Rede stehenden Affectionen ist die Anwendung des Galvanooder Thermokauters; man muss hierbei aber
auch ausserordentlich vorsichtig zu Werke
gehen, damit man einerseits, um Recidive
zu verhüten, genügend tief, andererseits aber,
um keine hässlichen irreparablen Narben zu
bekommen, nicht zu tief brennt; man kann
die Operation durch subcutane Anwendung
einiger Tropfen einer $10-20\%$igen Cocaïn-

lösung (je nach der Sensibilität der Person) fast völlig schmerzlos machen.

Schliesslich will ich noch auf eine in der letzten Zeit vielfach geübte Methode hinweisen, die **Elektrolyse.** Zur Entfernung von Warzen, Leberflecken und Keloiden, welch' letztere ich bei dieser Gelegenheit gleich mit abhandeln möchte, armirt man einen für elektrolytische Zwecke gefertigten Nadelhalter mit einer mittelstarken englischen Nähnadel und verbindet ihn mit dem negativen Pol einer constanten Batterie, die mit einem Galvanometer und Rheostaten versehen ist. Bei Beginn der Operation ist der Rheostat auf den grössten Widerstand eingestellt. Die positive, mit Salzwasser befeuchtete Elektrode nimmt der Patient in die Hand, dann sticht man die Nadel senkrecht in die afficirte Stelle ein und lässt vermittelst des Rheostaten den Strom allmählich stärker werden, bis sich an der Nadel weisser Schaum bildet, wozu eine Stromstärke von $1/2-2$ M.-Amp. genügt. Dann schleicht man wieder aus, entfernt die Nadel und beginnt die Procedur an einer anderen Stelle. Die Anzahl der Nadelstiche in einer Sitzung richtet sich nach der Empfindlichkeit des Patienten. Anstatt die Nadel senkrecht einzustechen, kann man sie bei Warzen, erhabenen Leberflecken und Keloiden parallel mit der Oberfläche an ihrem Grunde einführen. Das etwas langwierige Ein- und Ausschleichen des Stromes kann man ver-

meiden, wenn man die bei einem Patienten
nöthige Stromstärke empirisch erfahren hat;
man bedient sich dann eines Nadelhalters,
der mit einem Stromunterbrecher versehen
ist, und führt die Nadel bei geöffnetem Strom
ein. Statt der Nähnadeln kann man auch
aus Platin-Iridium gefertigte Nadeln nehmen;
dieselben sind ziemlich theuer und im Allgemeinen entbehrlich.

Bei oberflächlichen Teleangiectasien kann
man zur Verödung der Gefässe in jedes einzelne derselben in seiner Längsrichtung eine
ganz feine Nadel einführen. Dies Verfahren
empfiehlt sich auch besonders bei der oben
geschilderten Rosacea. Ausgedehnte und tiefgehende Angiome, die sich nicht excidiren
lassen, eignen sich ebenfalls für das elektrolytische Verfahren, das hier in derselben
Weise angewandt wird, wie es oben geschildert wurde. Nur muss man hier, wie
überhaupt bei der Elektrolyse vorsichtig
sein und nicht zu starke Ströme benutzen,
da sonst leicht hässliche Narben auftreten.

Die Elektrolyse ist in der letzten Zeit
ausserdem bei einem Schönheitsfehler, der
ausschliesslich das Frauenangesicht betrifft,
der **Hirsuties,** vielfach mit Erfolg zur Anwendung gekommen. Die chemischen Mittel,
die zur Beseitigung des abnormen Haarwuchses empfohlen wurden, haben meist das,
was sie versprachen, nicht gehalten, oder sie
haben so unangenehme Nebenerscheinungen
im Gefolge gehabt, dass ihr Gebrauch den

Teufel mit dem Beelzebub vertreiben hiess. Zu den nicht medicamentösen Mitteln, die die Haarpapille direct zerstören, gehört die Galvanokaustik und die Elektrolyse; die erstere macht nicht selten so hässliche Narben, dass sie wohl nur noch wenig ausgeübt wird. Die Nachtheile der Elektrolyse sind dagegen im Gegensatz zu ihren Vorzügen so gering, dass diese Methode wohl gegenwärtig als die beste zur Bekämpfung der Hypertrichosis anerkannt wird. Allerdings ist die Ausübung der Elektrolyse bei Hirsuties anstrengend und ermüdend und ruft während der Procedur meist einen gewissen Grad von Nervosität bei dem Arzt und bisweilen auch bei der Patientin hervor; aber wenn man bedenkt, wie ein sonst schönes Frauengesicht durch einen üppigen Bartwuchs entstellt wird, wenn man ferner bedenkt, dass wir hier wirklich durch unsere Kunst die Patientin von einem Leiden befreien können, das sie in höchstem Maasse gesellschaftlich genirt, so sollen wir uns die Mühe und Anstrengung, die zu einem vollständigen Erfolg nöthig sind, nicht verdriessen lassen.

Die Elektrolyse bei Hirsuties wird in analoger Weise ausgeführt, wie sie eben bei der Behandlung der Warzen u. s. w. geschildert wurde; nur muss als Nadel die feinste Nummer der englischen Nähnadeln (No. 12) oder eine sogenannte feine Perlennadel, event. auch eine ganz feine Platin-Iridiumnadel genommen werden. Die Nadel wird neben dem Haar parallel seiner Längsrichtung in den Follikel, gleichsam sondirend eingestossen, bis man auf einen Widerstand stösst; dann wird der Strom geschlossen und bis zur Stärke von $1/2$ bis höchstens 2 M.-A. gebracht; es bildet sich dann an der Austrittsstelle des Haares, resp. an der Nadel eine geringe Menge weissen Schaumes und um das Haar herum eine kleine weisse Quaddel; sobald diese Erscheinungen ungefähr 5 Secunden gedauert haben, öffnet man durch Druck auf den Nadelhalter oder durch Loslassen der positiven Elektrode von Seiten der Patientin den Strom und entfernt die Nadel; das so gelöste Haar entfernt man dann mit der Epilationspincette. Folgt das Haar einem leisen Zuge der Pincette und zeigt an seinem Bulbus gequollene Wurzelscheiden, so können wir sicher sein, dass es radical entfernt ist; folgt es dem Zuge nur schwer und fehlen die glasig aussehenden gequollenen Wurzelscheiden, so ist es ebenso sicher, dass das Haar wieder wächst. Nach der Sitzung, in der man gewöhnlich 20 Haare entfernen kann (im Anfang der Behandlung weniger), tritt gewöhnlich eine leichte Röthe und Brennen im Gesicht auf, die meist nur kurze Zeit (2—3 Stunden) anhalten und, wenn nöthig, durch kühle Umschläge mit Bleiwasser gemildert werden können. Bei nur einigermaassen geschickter Ausführung und nur etwas Vorsicht (nicht zu starke Ströme,

Sauberkeit, Eintauchen der Nadel in 3 %
Carbollösung vor jeder Einführung) entstehen
niemals irgend welche Hautausschläge; wenn
diese dennoch auftreten, so sind sie lediglich der Ungeschicklichkeit und Unerfahrenheit des Arztes zuzuschreiben, ein Factum,
das gegenüber den Angriffen gegen diese
Methode im Auge behalten werden muss.
Es empfiehlt sich, in einer Sitzung immer
entfernt von einander stehende Haare zu
eliminiren, damit die Reactionserscheinungen
an einer Stelle nicht zu stark werden. Allerdings springt bei diesem Modus der Erfolg
der Behandlung nicht so in die Augen, als
wenn ein kleiner mit Haaren dicht bewachsener Bezirk von diesen in einer Sitzung
gesäubert wird. Allein im Interesse der
Patientin muss man darauf verzichten und
den Grund hierfür angeben, es wird dann,
trotzdem ein schneller Erfolg nicht sichtbar
ist, das Vertrauen in die Methode nicht erschüttert werden.

Ein anderes in das Gebiet der Kosmetik
fallendes Leiden, das ebenso wie die Hirsuties nur für Damen von practischem Interesse ist, repräsentirt sich uns im **Lichen
pilaris,** in der reibeisenartigen Rauhigkeit
der Haut, besonders der Aussenseite der
Oberarme. Die afficirten Stellen sehen aus,
als ob sie sich im permanenten Zustande
der Gänsehaut befänden. Es handelt sich
hier um die Anhäufung verhornter Epidermiszellen an den Follikelmündungen. Dem ent-

sprechend hat sich die Behandlung gegen die Ueberproduction von Hornsubstanz zu richten. Man erreicht diesen Zweck durch verschiedene erweichende und die Abstossung der Epidermis befördernde Mittel. In erster Reihe stehen hier, abgesehen von regelmässigen Waschungen mit warmem Seifenwasser und dem häufigen Gebrauch von warmen Bädern, Auftragungen von Sapo kalinus (aus der Apotheke zu beziehen!). Die grüne Seife wird Abends mit einem Flanelllappen oder Borstenpinsel auf die betreffenden Stellen aufgetragen; darüber kommt dann eine Mullbinde. Je nachdem es vertragen wird, kann man die Seife während einer ganzen Nacht liegen lassen. Ist das Brennen aber zu stark, so dass eine Hautentzündung einzutreten droht, so muss die Seife nach 1—2 Stunden mit warmem Wasser entfernt werden. Der Intensität des Lichen pilaris entsprechend, muss die Application der Seife wiederholt werden. Von anderen Mitteln kommen noch Schwefel-, β-Naphthol-, Chrysarobin- und Pyrogallus-Compositionen in Betracht. Der sonst vielfach ähnlichen Zwecken dienende Theer ist beim Lichen pilaris deshalb nicht anzuwenden, weil hier zu leicht eine Theeracne oder Furunkel sich bilden können. Die Schwefelsalbe wird in einer Concentration von 10 bis 30% mit 5 bis 10% Natron oder Kali carbonicum (s. o.) verordnet oder kommt als modificirte Wilkinson'sche Salbe (ohne Theer) zur Anwendung:

℞ Sulfuris praecipitati 15,0
Saponis kalini
Adipis suilli ãã   30,0
Pumicis pulverisati 10,0
M. f. ungt. D. S. Aeusserlich.

Die β-Naphtholsalbe wird in der Concentration von 5—10% mit Lanolin verschrieben oder man kann das modificirte Ungt. Naphthol. comp. (Kaposi) verordnen:

℞ Lanolini
Adipis suilli
Saponis kalini ãã   50,0
β-Naphtholi   15,0
Cretae albae pulverisatae 10,0
M. f. ungt. D. S. Aeusserlich.

Event. kann man eine stärkere β-Naphtholsalbe

℞ β-Naphtholi   10,0
Lanolini
Saponis kalini ãã   20,0
M. f. ungt. D. S. Aeusserlich

einige Abende hintereinander je eine halbe bis eine Stunde einwirken und dann abwaschen lassen. Chrysarobin oder Pyrogallussäure kommen als 10—20 %ige Salben zur Verwendung. Treten nach diesen ziemlich stark wirkenden Präparaten Reizerscheinungen auf, so muss man antiekzematös vorgehen. Bei Beginn der Behandlung des Lichen pilaris müssen die Patientinnen darauf aufmerksam gemacht werden, dass zuerst in Folge der unvermeidlichen Reizung ein schlechteres Aussehen der Arme sich einstellt, und dass das Leiden grosse Tendenz zu Recidiven hat.

Von einem Bestandtheile der Haut, dessen bisher nur wenig Erwähnung gethan wurde, den Schweissdrüsen, geht ein anderes lästiges Leiden aus: **übermässige Schweissabsonderung,** die speciell das Gesicht, die Hände, die Füsse und die Achselhöhlen betrifft. Sie tritt besonders unangenehm an den Füssen hervor, weil hier zur Hyperhidrosis gewöhnlich noch andere Erscheinungen hinzutreten, die durch Zersetzung des übermässig abgesonderten Schweisses bedingt sind und sich nicht bloss durch Maceration der Haut kundgeben, sondern auch durch einen äusserst unangenehmen Geruch bemerkbar machen. Eine ganze Reihe von Mitteln, theils palliativen, theils radical wirkenden ist hiergegen empfohlen worden.

Es ist selbstverständlich, dass auf peinlichste Sauberkeit zur Bekämpfung dieses für die betroffene Person wie für deren Umgebung gleich unangenehmen Uebels in erster Reihe zu achten ist. Diese Sauberkeit hat sich nicht bloss auf die Füsse selbst, sondern auch auf ihre Bekleidung, also Strümpfe und Schuhwerk zu erstrecken. Die Füsse müssen Morgens und Abends, wenn nöthig, noch mehrmals am Tage gewaschen werden, die Strümpfe und Stiefel ebenfalls 2—3 Mal am Tage gewechselt, und die Stiefel gut gelüftet werden. Es ist nicht jedes Mal ein längeres Fussbad nöthig, sondern es genügt, die Füsse mit lauwarmem Wasser zu waschen, ebenso wie man die Hände wäscht. Nach der Waschung werden die Füsse mit einer adstringirenden Flüssigkeit, Franzbranntwein, Eau de Cologne und Aehnlichem eingerieben. Um die durch die übermässige Schweisssecretion bedingte Maceration der Epidermis und die hierbei auftretenden schmerzhaften Rhagaden zu vermeiden, fettet man prophylaktisch die Füsse ein, besonders mit 2 % Salicyllanolin, das sich selbst nicht zersetzt, und bedeckt die Fusssohlen mit einem ebenso eingefetteten, weichen, leinenen Lappen; besondere Sorgfalt ist auf die Zehenzwischenräume zu legen, da hier wegen der Reibung sich leicht ein Eczema intertrigo entwickelt. Die Zehen sind durch leinene Läppchen oder dünne Bäusche von Salicylwatte vor der Berührung mit einander zu schützen; statt der Salbe kann man auch in geeigneten Fällen Streupulver anwenden, die den Schweiss aufsaugen, besonders wird hierzu das Pulvis salicylicus cum talco angewandt. Mit diesem Verfahren kommt man in der Mehrzahl der Fälle zum Ziele; widersteht aber das Leiden dieser Behandlung, so muss man energischer vorgehen. Bei der neuerdings angewandten Behandlung mit Chromsäure sollen Vergiftungserscheinungen aufgetreten sein, weshalb ich auf diese Methode nicht näher eingehen will. Die besten Resultate erreicht man mit der von Hebra angegebenen, allerdings etwas langwierigen Behandlungsweise. Nach genügender Reinigung und Abtrocknung werden die Füsse mit je einem Lappen aus grober Leinewand, der an der für die Sohle bestimmten Stelle messerrückendick mit Hebra'scher Salbe oder mit 10 %igem Borlanolin beschmiert ist, bedeckt; in die Zehenzwischenräume kommen entsprechend geschnittene Salbenläppchen; nun wird dieses Leinwandstück genau auf den Fuss gelegt und über dem Fussrücken zusammengeschlagen. Die Salbe und die Leinewand werden Morgens und Abends erneuert; vor jedesmaligem Verbandwechsel wird die anhaftende Salbe durch mit indifferentem Poudre armirte Watte entfernt. Dieses Verfahren wird ungefähr 14 Tage hintereinander fortgesetzt, ohne dass der Fuss mit Wasser in Berührung kommt; dann lässt man die Salbe aussetzen und die Füsse, besonders die Zehen und Zehenzwischenräume, häufig mit Salicylstreupulver einpudern. In den nächsten Tagen stösst sich die Epidermis in dicken Lagen ab und es tritt die neue weisse, zarte Oberhaut zu Tage; erst dann dürfen die Füsse gebadet werden. Um Recidiven vorzubeugen, müssen später die Füsse noch immer gehörig eingepudert werden; zwischen und unter die Zehen müssen Wattebäusche mit Poudre gelegt werden; ausserdem ist es zweckmässig, in die Strümpfe das Salicylstreupulver ebenfalls einzustreuen. Dass zu enges Schuhwerk wie überhaupt so besonsonders bei Personen mit Schweissfüssen zu meiden ist, bedarf wohl kaum der Erwähnung. Ist der Erfolg dieser Therapie kein vollständiger, so muss diese Procedur von Neuem begonnen werden.

Kann man beim Fussschweiss bei einiger Ausdauer wohl immer mit Sicherheit auf absoluten Erfolg rechnen, so ist die Prognose auf völlige Beseitigung des Hyperhidrosis im Gesicht, den Achselhöhlen und den Händen ungleich ungünstiger; man kann hier im Allgemeinen nur palliativ wirken und das Auftreten etwaiger unangenehmer Folgezustände durch geeignete prophylaktische Maassnahmen hindern. So muss man das Gesicht häufig mit Eau de Cologne abwaschen und dann pudern lassen; die Hände müssen ebenfalls häufig gewaschen und dann mit Alkohol oder $1/2\ \%$iger Tanninlösung, Eau de Cologne und Aehnlichem eingerieben werden; das Tragen von engen Glacéhandschuhen ist zu verbieten, dieselben sind vielmehr durch bequeme Stoffhandschuhe zu ersetzen. Die Achselhöhlen müssen ebenfalls häufig mit Seifenwasser und adstringirenden Flüssigkeiten gewaschen werden. Um die hier leicht auftretenden Ekzeme und im Anschluss hieran sich etablirenden (NB! Schweissdrüsen-!) Furunkel zu verhüten, legt man in Poudre getauchte Wattebäusche in die Achselhöhlen; des practischen Interesses halber sei noch auf die Schädlichkeit der vielfach beliebten, in die Achseln der Damenkleider eingenähten Schweissblätter hingewiesen. Der an ihre Aussenseite genähte impermeable Gummistoff hindert das Eindringen des Schweisses in die Kleidungsstücke und schützt diese somit vor der Durchfeuchtung und deren Folgen, beschränkt aber andererseits die Verdunstung des Schweisses und begünstigt somit dessen Zersetzung und die hieraus resultirenden Ekzeme. Die Schädlichkeit der schwer aus dem Inventarium unserer Damenwelt zu bannenden Schweissblätter wird einigermaassen paralysirt durch häufige Erneuerung der in die Achseln gelegten Wattebäusche.

Ist das wesentlichste kosmetische Leiden der Volarfläche der Hände die übermässige Schweissabsonderung, so zeigen sich auf dem Handrücken eine ganze Reihe von kleinen Leiden, deren Beseitigung in das Gebiet der Kosmetik gehört; besonders häufig begegnet man den **rothen Händen** und den **rauhen** und **aufgesprungenen Händen**, vorzüglich bei kälterer Jahreszeit. Zur Bekämpfung der unangenehmen Röthe der Hände sind zu den verschiedensten Zeiten eine grosse Reihe von Mitteln empfohlen worden, der beste Beweis dafür, dass sie alle nicht den an sie gestellten Anforderungen genügt haben. Am wichtigsten ist die Prophylaxe; die Hände dürfen nicht excessiven Temperaturgraden sowohl in der Wärme wie in der Kälte ausgesetzt werden; ebenso ist der jähe Uebergang von der Wärme in die Kälte und umgekehrt zu meiden. Die Personen müssen sowohl im Sommer wie im Winter auf der Strasse Handschuhe tragen. Therapeutisch kommen hier dieselben Maassnahmen in Betracht, wie für die rauhen und aufgesprungenen Hände, ebenso wie für diese auch die Prophylaxe gegen die Röthe der Hände maassgebend ist. Zu häufiges Waschen und starkes Frottiren ist zu meiden. Als Seife soll eine neutrale oder sogenannte harte Sodakernseife gebraucht werden, das Wasser soll lauwarm sein, es darf kein Ueberrest von Seife auf den Händen bleiben, ebenso muss durch Abtrocknen alle Feuchtigkeit entfernt werden, so dass die Hände vollkommen trocken werden. Es empfiehlt sich dann, eine dünne Schicht Lanolin-Crêmes aufzutragen und ordentlich verreiben zu lassen; der Ueberschuss wird durch Abwischen mit einem trockenen Tuch entfernt. Während der Nacht kann man über eine dickere Schicht Lanolin-Crêmes Handschuhe tragen lassen. Durch diese systematisch fortgesetzte Pflege der Hände erreicht man sehr gute Resultate, die Haut wird zart und weich und verliert oft einen grossen Theil der Röthe. Um in einem gegebenen Fall die Röthe zu cachiren, lässt man gelbe Poudres auftragen.

Die anderen an den Händen vorkommenden kleinen Leiden, speciell die häufig auftretenden Warzen, werden nach den oben erörterten Principien beseitigt.

Die Hände sind ebenso wie die Füsse

als auch das Gesicht und die Ohren häufig einem Leiden ausgesetzt, das als eine wahre crux medicorum bezeichnet werden muss, glücklicher Weise aber nur in der kalten Jahreszeit sich geltend macht, es sind die **Frostbeulen.** In das Gebiet der Kosmetik gehören nur die geschlossenen Frostbeulen, während die excoriirten und exulcerirten, als in das Gebiet der Chirurgie gehörig, hier füglich ausgeschlossen werden können. Die Prophylaxe spielt auch bei zu Frost disponirten Personen eine grosse Rolle und ist derjenigen der rothen Hände ähnlich. Vor Allem ist plötzlicher Temperaturwechsel zu meiden, ebenso das Waschen mit zu heissem oder zu kaltem (im Volke hierbei beliebtem Eis-) Wasser. Enges Schuhwerk und enge Glacéhandschuhe sind schädlich, da sie die Circulation beeinträchtigen und so die betreffenden Partien dem Frost leichter zugänglich machen. Zu meiden sind ferner mit Pelz gefütterte Stiefel und Handschuhe und Pelzmuffen. Ausserdem sollen Personen, die zu Frost neigen, schon im Herbst wollene Strümpfe tragen und diese auch während der Nacht nicht abziehen. Zu empfehlen sind für diese Personen Waschungen mit adstringirenden Mitteln, besonders Alkohol. Beim Eintreten aus der kalten Luft in das warme Zimmer sollen die Hände, Ohren und Füsse frottirt und nicht der directen Ofenhitze ausgesetzt werden; die Fussbekleidung muss gewechselt werden.

Die grosse Zahl der therapeutisch gegen Frostbeulen empfohlenen Mittel spricht für ihre geringe oder zweifelhafte Wirkung. Mit Vorliebe werden verschiedene Mineralsäuren in genügender Verdünnung empfohlen, ferner Tannin, Borax, Alaun, Campher, Ichthyol und dann als constant wiederkehrend Collodium und Jod. Mit Collodium elasticum erreicht man bisweilen an den Händen bei richtiger Anwendung ganz gute Resultate, die durch Compression der erweiterten Gefässe bedingt sind. Man muss diese zuerst möglichst blutleer machen und dann comprimiren. Zu diesem Zweck lässt man den Arm kurze Zeit suspendiren, bis die Hand möglichst weiss ist; dann wird das Collodium centripetal auf die betr. Finger aufgepinselt. Das Verfahren wird mehrere Abende wiederholt. Die Jodtinctur wird entweder allein oder mit Tinctura Gallarum $\widehat{aa}$ aufgepinselt oder kommt in der Stärke von 10 bis 20 % mit Collodium in der vorhin geschilderten Weise zur Anwendung. Ichthyol wird als 50%ige Salbe oder in noch stärkerer Concentration, eventuell pur verordnet.

Da die Frostbeulen der Therapie, wie erwähnt, häufig hartnäckigen Widerstand entgegensetzen, so seien hier noch einige Recepte angeführt, von denen im gegebenen Falle das eine sich wird nützlich erweisen können, wenn die anderen versagen.

℞ Acidi tannici 2,0
Glycerini oder
Spiritus camphorati ad 50,0
M. D. S. Aeusserlich, zur Einreibung.

℞ Acidi tannici 2,0
Spiritus vini 5,0
Collodii 20,0
Tincturae Benzoës 2,0
M. D. S. Aeusserlich, zur Einpinselung.
(Paschkis.)

℞ Camphorae tritae 3,0
Lanolini
Vaselini flavi ãã 15,0
Acidi hydrochlorici puri 2,0
M. f. ungt. D. S. Abends einzureiben.
(Carrié.)

℞ Balsami Peruviani 5,0
Mixturae oleosobalsamicae
Aquae Coloniensis ãã 30,0
M. D. S. Aeusserlich, auf die Frostbeulen zu pinseln.
(Rust.)

℞ Aluminis
Boracis ãã 2,0
Aquae Rosarum 150,0
Tincturae Benzoës 5,0
M. D. S. Aeusserlich, zu Umschlägen.

℞ Aluminis 4,0
Vitell. ovi cocti unius
Glycerini 2,0
M. D. S. Aeusserlich.
(Husemann.)

Ist der Erfolg dieser Behandlung kein vollständiger, so muss man, so weit wie möglich, die durch Frost hervorgerufene Entstellung zu cachiren suchen; zu diesem Zweck kommen die entsprechenden Poudres und Schminken zur Verwendung.

Im Vorhergehenden habe ich versucht, dem practischen Arzte eine kurze Uebersicht über das Gebiet der Kosmetik zu geben, selbstverständlich ohne auch nur entfernt Anspruch auf Vollständigkeit machen zu wollen. Sind die Leiden, die hier abgehandelt wurden, auch niemals als gefährlich zu bezeichnen, so wird der Arzt sich doch den Dank seiner Clienten, besonders derer des schönen Geschlechtes erwerben, wenn er durch Beseitigung oder Linderung dieser kleinen Leiden Mephisto's Wort Lügen straft:

„Ihr durchstudirt die grosse
und die kleine Welt,
Um es am Ende geh'n zu lassen,
wie's Gott gefällt."

MIX
Papier aus verantwortungsvollen Quellen
Paper from responsible sources
FSC® C105338

If you have any concerns about our products,
you can contact us on
ProductSafety@springernature.com

In case Publisher is established outside the EU,
the EU authorized representative is:
**Springer Nature Customer Service Center GmbH
Europaplatz 3, 69115 Heidelberg, Germany**

Printed by Libri Plureos GmbH
in Hamburg, Germany